好奇心书系
自然观察手册

天体与天象

A FIELD GUIDE TO
STARS & CONSTELLATIONS

朱 江 主编

重庆大学出版社

图书在版编目（CIP）数据

天体与天象 / 朱江主编.--重庆：重庆大学出版社，
2014.1（2022.4重印）
（好奇心书系.自然观察手册系列）
ISBN 978-7-5624-7554-5

Ⅰ.①天… Ⅱ.①朱… Ⅲ.①天体—普及读物②天象—普
及读物 Ⅳ.①P1-49

中国版本图书馆CIP数据核字（2013）第153796号

天体与天象

朱 江　主编

策划：鹿角文化工作室
编著者：路铭宇　叶楠
摄影：朱 进　朱 江　齐 锐　詹 想　曹 军　路铭宇
　　　生志昊　史学东　相玉德　郭恒源　李春雨　杨兴春
　　　沈 建　孔庆程　张 峥　张及晨　尚子源　郭子越

责任编辑：梁 涛　王思楠　　版式设计：田莉娜
责任校对：谢 芳　　　　责任印刷：赵 晟

*

重庆大学出版社出版发行
出版人：饶帮华
社址：重庆市沙坪坝区大学城西路21号
邮编：401331
电话：(023) 88617190 88617185（中小学）
传真：(023) 88617186 88617166
网址：http://www.cqup.com.cn
邮箱：fxk@cqup.com.cn（营销中心）
全国新华书店经销
重庆长虹印务有限公司印刷

*

开本：787mm×1092mm　1/32　印张：3.75　字数：123千
2014年8月第1版　2022年4月第6次印刷
印数：16 001—19 000
ISBN 978-7-5624-7554-5　定价：23.00元

前　言

　　每当我们外出远足，到了一个人烟稀少的地方，在高高的山顶搭上几顶帐篷，年轻的朋友们会享有一个星空灿烂的夜晚。他们常常会好奇地问我，这些星星叫什么名字，或者自己的星座是哪一个，为什么在自己的生日见不到自己的星座……

　　在没有明显标志物的野外，你知道怎样判定方向吗？你知道怎样利用北斗星辨别方向吗？看不到北斗星怎么办？本书会告诉你，如何利用星星，还有太阳和月亮判定方向。

　　也许你听过这样的传说，天上有一只贪婪的天狗，时不时会出来吃掉太阳或月亮。可事实上太阳会被蚕食，变成黑太阳，月亮却不会，那月亮又会变成什么样呢？

　　也许你希望享有一个更浪漫的夜晚，和心爱的人一起赏月，数星星，看如雨的流星在夜空划过，许下美好的诺言，可那么多星星要怎么数，怎么辨认，什么时候能看到更多的流星，什么时候可以看到月亮不同的身影……

　　或许你曾经注意到，夜空中时而会有走得很快的星星，或者突然变亮又很快黯淡下去的星星，不过那可不是UFO。今天，在我们的地球上空，游弋着数以万计的人造天体，它们形态各异，有的还在为我们工作，有的已经成了太空流浪儿。你想了解它们吗？

　　神奇的宇宙有着众多的秘密等着我们去探索，遥远的世界有着许多美丽的天体，用我们的望远镜搜寻它们，用我们的照相机记录下它们，这并不是很难的事，而且是非常有趣的事。怎么做，就让本书来告诉你吧！

　　书中的照片都是爱好者自己拍摄的，他们痴迷于星空，在寒冷的假日，当你坐在温暖的家中看电视时，他们正背负着沉重的望远镜在野外跋涉，在凛冽的寒风中探寻。追星的历程有些艰辛，但享受的是收获的喜悦，这种奇妙的感受还经常会进入我的梦境。

　　和我们一起来追星吧！灿烂的星空不仅会开阔我们的视野，震撼我们的心灵，还可能闯入我们的梦境，给我们留下更多美好的回忆。

朱　江

2012年11月

目 录
CONTENTS

Ⅰ

目　录

天文观测工具

天文观测第一注意事项：

千万不要把望远镜、照相机直接对准太阳进行观测，那将严重威胁到你的健康，以及照相机和望远镜的安全。

望远镜

望远镜是天文观测必不可少的工具，各种望远镜在天文观测中都可以发挥作用，它们各有所长，要根据观测对象选择不同的望远镜。

天文望远镜的主要功能：收集更多的光，了解天体的细节。这主要取决于望远镜的口径，一般口径越大，光力越强，或者说能收集到天体的光越多；同时，分辨率也与口径大小密切相关，一般口径越大，分辨率越高。

单筒望远镜

大型天文望远镜多是单筒

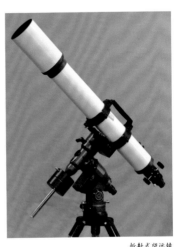

折射式望远镜

反射式望远镜

望远镜。单筒望远镜有折射式、反射式和折反射式等。天文爱好者选用的低端望远镜以折射式和反射式为主。

折射式望远镜操作简单，适合初学者用于搜星、拍照。缺点是低端的折射式天文望远镜会有严重的色差，导致成像模糊。

反射式望远镜无色差，但搜星相对困难一些，低端的有些不适合接照相机拍照，选择时要特别注意。

双筒望远镜

双筒望远镜在业余天文观测中的作用不可低估。

双筒望远镜携带方便，操作简单，特别适用于观测有一定视面积的天体，但不能用于拍摄天体。天文观测一般要选择口径超过50 mm的双筒望远镜。

一架大口径的双筒望远镜加上一个三脚架，是观测深空天体、彗星、变星等的最佳装备。著名的彗星猎手大多使用的是口径在70 mm以上的双筒望远镜。

望远镜的支架

天文观测是一项细致的工作，天体一般都很小而且极其黯淡，要做比较长时间的观测，望远镜拥有一个稳固而易于操作的支架是非常重要的。天文望远镜的支架有地平式和赤道式两种。

地平式支架

地平式支架就像常用的带云台的照相机三脚架，结构简单，比较轻，可以水平和垂直旋转，使望远镜对准不同位置的天体，用于短时间的目视观测。目前低端的自动搜星望远

赤道仪

镜大多使用的也是这一款支架。

赤道式支架

由于地球的自转，天体有着周日视运动，其运动轨迹都是沿着与天赤道平行的路径，用望远镜长时间追踪观测天体和拍摄天体，拥有一个赤道装置就会事半功倍了。

赤道式支架有两个轴和两个绕轴运转的盘，一个是要对准天极的极轴，一个是与极轴垂直的赤纬轴。通常被称为"赤道仪"。

选择望远镜

选择天文望远镜第一要考虑口径，千万不要被放大倍数所迷惑。并非天文望远镜的放大倍数越大，我们看到的天体就越清晰，相反，常常是放大倍数大了以后，天体的成像反倒会变得更模糊，这是望远镜的分辨率低所致。口径决定光力和分辨率，选择口径大一些的望远镜，可以让我们看到更暗的天体，以及看到天体更多的细节。

双筒望远镜的口径应该在50 mm以上，放大倍数在7~20倍就好。最好有可接三脚架的接口。

单筒折射式望远镜的口径最好在90 mm以上，反射式望远镜的口径最好在100 mm以上。

单筒望远镜的放大倍数取决于物镜和目镜的焦距，放大倍数＝物镜焦距/目镜焦距。对于同一台望远镜，选配不同焦距的目镜，放大倍数就会大不相同。无论配多少只目镜，焦距最长（倍数最低）的那只目镜是最有用的，一般其放大倍数是物镜口径（单位：mm）的1/2左右。例如：一台口径90 mm、焦距700 mm的主镜，至少要有一个焦距在16 mm以上的目镜（放大倍数不超过45倍）。

望远镜投影板

观测太阳可以使用望远镜投影的方式，双筒望远镜和单筒望远镜都可以做，如果使用双筒望远镜，为了便于操作，一般只使用一只镜筒。

单筒望远镜可以制作一个固定在望远镜目镜后面一定距离的投影板（一般使用小望远镜时太阳投影的直径为10~15 cm），投影板必须与目镜镜筒保持垂直（见上页图反射式望远镜）。

特别提示： 做太阳投影观测时，望远镜不要装寻星镜，使用的目镜必须是耐热的。

不需要使用滤光片，口径稍大的望远镜可以在物镜前加一个光栅，

4　天体与天象

如在镜头盖上挖一个洞，遮住一部分进入镜筒的光。

照相机

　　照相机是天文观测的主要工具。照相机具有人眼不可比拟的优势，它不仅可以把图像保留在感光元件上，更主要的是它能够长时间积累光，这对发现遥远而星光暗弱的天体至关重要。

　　早期的观测是使用胶片拍摄，目前大多是数码照相机。天文摄影要求照相机至少要有完全手动的菜单模式，三脚架是必需的配件。此外，如果有一台可以用于摄影的天文望远镜，照相机就必须是可换镜头的，还必须配相应的接口，快门线（遥控器）也是不可缺少的。

天文观测的主要方法

目视观测

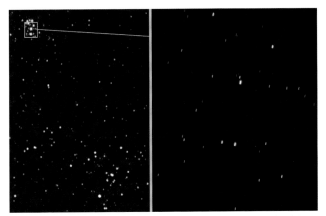

肉眼和望远镜下看到的昴星团

目视观测是直接用肉眼观测，包括裸眼观测和使用望远镜观测。

裸眼观测是天文观测的基础。通过裸眼观测，我们能熟悉星空，进而学会到星空中搜索有趣的天体。

当我们对星空有了一定的了解后，就可以使用望远镜了解天体更多的细节了。在望远镜中，天体和我们用裸眼看到的会有很大不同。用一个

6 天体与天象

小型的双筒望远镜在银河中扫描，你会发现，在那里有许多星星的小集团——疏散星团。用一个小型的单筒望远镜看月亮，你会看到月亮上布满了环形山；当把望远镜对准木星时，则会看到它的四颗伽利略卫星；而把望远镜对准恒星时，也许你会有更多发现。原来肉眼看起来只是一颗星，在望远镜下，它也许会变成两颗甚至三颗星了。

照相观测

　　天文发现对摄影的依赖非常强，特别是现代，几乎没有不依赖摄影的新发现了。

　　摄影不仅是观测手段，更是发现的证据，目视观测的记录难以被普遍认可，拍摄的图像是毋容置疑的证据。因此，现在世界上主要的天文台都以建造大型望远镜、拍摄大量的天体照片为目的。甚至拍摄的照片太多，难以处理也在所不惜。一些专业天文台拍摄的天体照片被挂在网上，让爱好者下载分析。天体照片主要包括SOHO卫星照片供爱好者搜寻掠日彗星，以及FMO Project网站照片供爱好者搜索快速移动的天体（主要是小行星）。

　　爱好者常用的照相观测方式有直接使用照相机、利用不同照相机镜头拍摄、照相机接天文望远镜拍摄和使用CCD摄像头拍摄。

广角镜头拍摄的金木双星拱月

照相机直接拍摄

照相机接广角镜头可拍摄星座、天体周日视运动、流星等天体、天象，以及人造天体过境等，可涵盖比较大范围的天区，捕捉到更广阔视野中的天象。

照相机接长焦距镜头可拍摄彗星、流星、行星和月球的相会等，可获得更多的细节，拍摄到各种美妙的组合。

长焦镜头拍摄的金木双星拱月

望远镜＋照相机拍摄

照相机接天文望远镜可拍摄到比较小的天区，得到天体更加精细明亮的图像。

天体的亮度与天文望远镜的口径密切相关，口径越大，收集到的光越多，就可能拍摄到越多的天体。

用天文望远镜接照相机拍摄到的天体大小与望远镜的焦距和照相机的感光元件（CCD或CMOS）大小相关。

照相机感光元件的尺寸可在说明书中查到。例如Nikon D700（全画

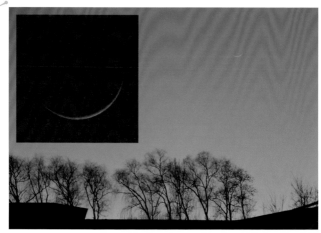

照相机直接拍照和望远镜接照相机拍照的月球比较

幅）CMOS的尺寸为36 mm×23.9 mm，Canon 60D（半画幅）的尺寸为22 mm×16.9 mm。有的照相机没有给感光元件的尺寸，而是直接给出系数，如×1.7，即使用同样焦距的镜头拍照出来的天体大小在照片上看起来是全画幅照相机的1.7倍。

天体大小的计算公式：照片上图像的大小 = F/206265，F是望远镜的焦距，单位是角秒/mm。

例：月球的平均视直径为31′，即1860″，如果使用一架F900的望远镜接照相机拍摄月球，拍出来的月球直径是8.1 mm。也就是说，在全画幅照相机上，大约占短边的1/3，在半画幅照相机中约占短边的1/2。如果使用F1500的望远镜，拍出来的月球直径就有13.5 mm，在半画幅照相机就接近充满短边了。

数码照相机的菜单设置

数码照相机是如今人们最常使用的照相机。用数码照相机拍摄天体在菜单设置上应该注意几点：

1.感光度设置：由于天体大多比较暗，需要使用高感光度，但必须考虑照相机的噪点。一般照相机最好控制在ISO 800以下。

2.降噪功能：大部分数码照相机有高感光度长时间曝光降噪功能。虽然我们需要降噪，但不能启用这一功能，因为它会将暗一些的星星都当成噪点给降没了。

　　图示比较同一天区，左边是启用降噪，右边是未启用降噪拍摄的图像。

　　3.光圈：在拍摄比较暗的天体或星空时，可选择大光圈，但一般不用最大光圈，因为许多镜头的最大光圈拍出来的照片边缘区域的图像会有明显的畸变。所以，除非只需要中心区域的图像，否则就应该收1~2档光圈

启用降噪和未启用降噪拍照星空的比较

拍摄为宜。

　　4.速度：为了降噪，可采用短时间曝光30″－2′，后期多张照片叠加，以获得想要达到的效果。照片叠加还可以做出很多有趣的照片，除了常用的软件photoshop以外，还有不少专门的软件可用，如startrails就是一个很好用的叠加软件。

太阳滤光片

　　观测太阳需要在望远镜主镜或照相机镜头前加灰滤光片（ND系列），以便把收入的光减少到适当的量。

　　可以在摄影器材店里买到滤光片，型号有ND2，ND4，ND8等，但价格通常很高。也可以使用巴德膜自己制作滤光片，成本较低。

自制滤光片

CCD摄像头拍摄

CCD是英文"Charge-coupled Device"的简称，中文称之为"电耦合器件"，是现在普遍采用的电子数码影像传感器。CCD代替了传统的胶片，它能够将光学信号转化为数字信号，再经过电脑处理将数字信号还原成影像输出，这就是CCD的主要工作原理。组成CCD上每个感光单元称之为像素，每个像素好比一个微小的"水杯"，只不过这个"水杯"是用来装光子的，若干个这样的像素横竖排列组成了整个CCD芯片。一般来说，每个CCD芯片上的像素越多，影像的分辨率就越高，图像就越清晰。较之传统的胶片来说，CCD的优点是：①光敏性高；②影像传输快；③影像可任意删减等。

由于CCD芯片的优点显而易见，现代天文观测中各种类型专业天文CCD照相机已经广泛应用。以前天文CCD照相机价格都比较昂贵，如美国SBIG公司的产品一般市场均价在数万元人民币，不过随着科技的进步和应用市场的扩大，越来越多的中低端CCD产品应运而生，比如美国MEADE公司的DSI CCD相机，国内的QHY全系列天文照相机都是比较理想的高性价比产品。

在使用CCD进行天体摄影的时候，需要有配套的电脑软件支持以及后期图像处理系统。比如CCD照相机在长时间拍摄过程中会在图片中产生很多"杂点"，即所谓的"噪声"，我们需要在拍摄照片的同时拍摄相同时间的"黑贞"（就是扣上镜头盖不露光拍摄），再利用专业天文图像处理软件将黑贞减掉，这样就可以清除原来照片中的噪声。另外，数码天文照片还需要拍摄多张，然后在软件中进行叠加，这样可以获得更多的图像信息，消除大气不稳定对影像的影响，使得影像更加清晰，等等。常用的一些天文图像处理软件有：imageplus，maxdl，registax，deepskystacker等，其中registax和deepskystacker是免费的共享软件，大家可以在相应官网下载使用。

选择CCD可以从以下几方面考虑：

①价格。

②观测目标：要根据主要拍摄对象确定。一般拍摄深空天体需要CCD较高的灵敏性，而拍摄大行星等有视面天体需要较快的贞采集速率。

③观测目的：一般艺术创作需要彩色CCD，彩色CCD是由RGB 3个像元组成一个像素点从而合成彩色，当然这样设计会降低像素数量从而降低分辨率。另外，还有一种方法就是在黑白CCD前加装RGB滤镜，对这3个颜色波段进行分别曝光，然后在软件中进行合成。专业研究通常使用黑白CCD。

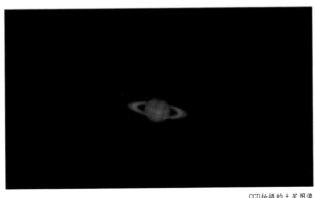

CCD拍摄的土星图像

④ 望远镜的载重量：很多专业CCD体积比较大，重量也大，如果把这样的相机装在一个小型科普级望远镜上，不仅拍摄精度不能保证，还有可能给仪器和观测者带来危险。

目前常用的天文CCD可以参考SBIG，QHY，MEADE等公司的官方网站信息了解其产品性能。值得关注的是，QHY是国货，性价比很高。

天文观测地点的选择

天文观测选择地点非常重要。首先要有好天气，多云、多雾的天气不适合观测，其次是视野和地面光。

观测太阳和月亮这样比较明亮的天体，好天气加广阔的视野就够了。如果要观测日出，东方不能有高大山峰或建筑物，观日落就要看西方。

观测星空，特别是深空天体则需要附近没有直射光，甚至远方也不能有太多的光。因此，生活在城市的骨灰级天文爱好者经常要钻山沟，以躲避城市的灯光，但太深的山沟常常视野不够开阔，这是一个很大的矛盾。

地面光污染情况不同的对比（A）

14 天体与天象

　　每一次观测，要看主要目标是什么，再选择地点，如观测流星雨，如果是英仙座流星雨（北部天空为主），就可以选择城市的北边；如果是狮子座流星雨（东部天空为主），就要选择城市的东边。

地面光污染情况不同的对比（B）

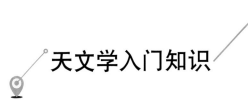

天文学入门知识

　　天文学研究天体的位置、分布、运动、形态、结构、化学组成、物理状态和演化。天体的运动和演化产生的各种现象称为天象。数千年前，我们的祖先就对一些奇异天象产生了兴趣，如日食与月食、太阳黑子、大彗星、新星爆发、流星雨等。

天体celestialbody

　　天体是宇宙间各种星体的通称，包括恒星、行星、卫星、小行星、彗星、流星体等。

天体的距离

　　描述天体距离有3种单位：

　　天文单位（au）：14 960万km，为日地平均距离。一般用于描述太阳系中天体之间的距离。

　　光年（ly）：94 605亿km，是光一年时间走过的距离。用于描述恒星的距离。

　　秒差距（pc）：308 568亿km。

　　1 pc = 3.26 ly = 206265 au；1 ly = 63240 au。

恒星star

　　恒星是由炽热气体组成，能自己发光的球状天体。夜空中我们看到的星星大部分都是恒星。

恒星的大小

　　恒星的大小一般是以质量来衡量的。恒星的质量差异并不很大，最

小的恒星大约是太阳质量的0.08倍，最大的大约是太阳质量的65倍。

恒星的体积差异非常显著，最大的恒星的体积则可能达到太阳的数亿倍，最小的则可能比地球还要小。

恒星的亮度

恒星的亮度用星等表示，分绝对星等和目视星等。

绝对星等：天体在10秒差距（32.6光年）位置上的亮度。绝对星等反映了天体的发光状况。

目视星等：在地球上用肉眼测定的星等，它不仅与天体的实际亮度有关，还与它和我们的距离，以及它的形态有关。

在最佳观测条件下，公元前2世纪，古希腊天文学家依巴谷将人肉眼可见的恒星分为6等，最亮的星为1等，最暗的星为6等。

1830年，英国天文学家赫歇尔进一步精确测量了恒星的亮度，发现1等星的亮度大约是6等星的100倍，因此，他将肉眼可见最暗的星定为6等星，比6等星亮100倍的星为1等。星星的亮度差是一个等比级数，即星等差1等，亮度差m倍，$m = (100)^{1/5} = 2.512$。

比1等星亮2.512倍的是0等星，比0等星亮2.512倍的是−1等星，以此类推。

全天亮度在6等以上的恒星有5 000多颗，亮度超过1等的有21颗。

恒星的温度和颜色

仔细观察星空，会发现星星是有不同颜色的，用照相机拍摄更能够证明这一点。

恒星的不同颜色

恒星的颜色与温度

光谱型	颜　色	表面温度/K
M	红	3 600~2 500
K	红橙	5 000~3 600
G	黄	6 000~5 000
F	黄白	7 700~6 000
A	白	12 000~7 700
B	蓝白	25 000~12 000
O	蓝	40 000~25 000

恒星的颜色与温度密切相关。红色的温度最低，依次是橙色、黄色、白色、蓝色等。

恒星的一生

恒星诞生于原始星云。星云凝聚收缩形成原恒星，当密度达到一定指标时，内部开始发生热核反应，随着热核反应的加剧，开始发热发光，恒星就诞生了。

恒星稳定地发热发光的阶段被称为主序星阶段。我们看到的恒星都是主序星。随着核燃料的消耗，恒星终有一天难以维持稳定，就进入衰老期，这时，它的体积开始膨胀，亮度增大，温度却逐渐降低，这就是恒星的老年期——红巨星阶段。

当恒星不再发热发光，就进入了生命的末年，可能变成白矮星、中子星甚至是黑洞。

星云nebula

星云是星际气体和尘埃形成的云雾状天体。

星云是宇宙中的一类比较特殊的天体，它们的体积往往很大，物质弥散在空间中。在地球上能观察到的星云都是位于银河系内的银河星云。天文学家估计，银河系内的非恒星状气体尘埃云约占银河系总质量的5%。

星云的分类

星云按照形成原因和发光机制可分为发射星云、反射星云、暗星云、行星状星云、超新星遗迹、原恒星星云等类型。

根据物质组成，星云分为气体星云和尘埃云。

按照形态，星云又可以分为行星状星云、超新星遗迹和弥漫星云，弥漫星云又分亮星云和暗星云。

发射星云emission nebula（E）是由炽热气体构成的云，被位于星云中心或附近的早型恒星的强紫外辐射激发而发光。

反射星云reflection nebula（R）因散射或反射邻近的低温恒星的辐射从而可见的气体和尘埃云。

暗星云dark nebula（D）主要是由气体和尘埃所组成，本身没有被照亮，因位于明亮的星云或恒星背景之前，挡住了后方的光而显现出来的星云。

行星状星云是小质量恒星演化到晚期抛出的物质形成的圆环形星云，在小望远镜里看起来像一颗行星，因此被称为行星状星云。

超新星遗迹supernova remnants是大质量恒星演化到晚期，超新星爆发抛出的物质与星际物质相互作用，形成丝状气体云和气壳。

星云与恒星有着不可分割的联系。有的星云里正在诞生新的恒星，有的星云则是恒星的坟墓。

超巨星supergiant

光度最强的恒星被称为超巨星，其绝对星等大于－2等，太阳的绝对星等是4.83等。超巨星是恒星世界的巨人，主要是它们的体积大，体积是太阳的数百万倍以上，但它们的密度却很小，小于0.1 g/cm³。

变星variablestar

亮度有变化的恒星统称为变星。变星根据光变原理分为三类：脉动变星、爆发变星和几何变星。

极大亮度较大，光变幅度也较大的变星非常有趣，适合爱好者观测。

新星nova

新星是恒星在生命晚期，白矮星表面发生的猛烈爆炸，使恒星表面在短时间内亮度急剧增加到原来的数百倍到数万倍，亮度增加9个星等以上的现象。

超新星supernova

超新星爆发规模远远超过新星，亮度增亮上千万甚至上亿倍，星等变幅超过17个星等。超新星分Ⅰ型和Ⅱ型两大类。

Ⅰ型超新星：白矮星从伴星吸积质量达到钱德拉塞卡极限以上，从而发生的爆发现象。

钱德拉塞卡极限（Chandrasekharlimit）：白矮星的质量上限，约为1.4太阳质量，质量超过此极限的白矮星，无法抵抗重力的挤压，将进一步塌缩，最后导致爆发。

Ⅱ型超新星：当大质量恒星的核内不再发生核聚变时出现的爆发现象；爆发后的归宿是中子星或黑洞。

白矮星whitedwarf

白矮星是小质量恒星（＜太阳质量1.4倍）生命的末期归宿，在白矮星的外面，常常包裹着大量弥漫气体——行星状星云。白矮星光度低、温度高、密度极大。密度达$10^5 \sim 10^7$ g/cm³。也就是说，白矮星上黄豆大的一块物质就可能比一个成年人还要重。

中子星neutronstar

质量在1.4~3倍太阳质量的恒星的归宿是中子星。中子星有着很强的磁场，体积小，直径约为10 km，并快速自转着，天文学家由探测到其磁场发出的脉冲辐射而发现了中子星。中子星的密度是$10^{13} \sim 10^{16}$ g/cm³。

黑洞blackhole

质量大于3倍的恒星最终会成为黑洞。黑洞是密度超高的天体，由于密度超高，强大的引力使宇宙中运动最快的光都无法逃离，这就是黑洞。

特别的恒星——太阳Sun

太阳是宇宙中非常普通的一颗恒星，但是对于地球人来说，它却是一颗非常特别的恒星。

太阳是天空最明亮的天体，平均目视星等为－26.7等。

太阳正处于恒星生命的壮年，主序星中期，太阳的寿命约为100亿年，现在的年龄约为50亿岁。因此它能够相对稳定并源源不断地为地球输送光和热，养育着地球上的一切生物。

行星planet

以近圆的椭圆轨道环绕恒星运动的近似球形的天体被称为行星。行星本身一般不发射可见光，表面因反射恒星发射的光而发亮。

传统意义上的行星特指太阳系的行星，它们在恒星组成的星座中有明显的相对移动，而且它们总是沿着黄道移动。

20 天体与天象

卫星satellite

围绕行星运行的天体被称为卫星，卫星也不发射可见光，所以一般很难观测到。地球上容易观测到的卫星除了地球的卫星——月球以外，只有木星的4个伽利略卫星——木卫一、木卫二、木卫三和木卫四。

木星及其伽利略卫星

天体系统

天体系统是指在引力束缚下相互绕转的天体组成的系统。天体系统有不同的级别。

太阳系solarsystem

太阳系由太阳以及所有在太阳引力作用下环绕太阳运行的天体组成。

太阳系的行星有：水星、金星、地球、火星、木星、土星、天王星、海王星。

2006年8月24日，在国际天文学联合会（IAU）第26届大会上，天文学家们对有关行星定义的决议草案进行表决，太阳系的行星只有八个，冥王星降级为矮行星，矮行星还包括谷神星以及近些年在冥王星附近新发现的2003UB313等。

除了行星以外，太阳系其他围绕太阳运行的天体统称为太阳系小天体，包括彗星、小行星等。

小行星minorplanets

小行星是一些围绕太阳运转但因为太小而称不上行星的天体。最大的小行星直径约1 000 km，最小的则只有鹅卵石那么大。

天文学家估计，太阳系中直径大于1 km的小行星有上百万颗，到2008年9月，人类已经确定了近78万颗小行星的轨道。

根据小行星轨道的位置，天文学家将小行星分为了几大组：

主带小行星

处于火星与木星之间，距太阳约2到4个天文单位。

近地小行星

十分靠近地球的小行星。

远距小行星

在土星轨道以外运行的小行星。

近日小行星

运行轨道完全处于地球轨道以内的小行星。

彗星comet

彗星是以很扁的椭圆轨道围绕太阳运行的质量比较小的云雾状天体。

海尔—波普彗星

流星与陨石

宇宙中游荡的微小天体被称为流星体，它们可能是小行星破裂后的碎块，也可能是彗星抛撒在轨道上的碎块。

流星meteor

当地球与流星体相遇时，流星体与地球大气摩擦生热，燃烧发光，这就是我们看到的流星。

吉林陨石邮票

陨石meteorite

冲入地球大气层的小天体如果不能在大气中燃烧殆尽，落到地面上，就是陨石。

陨石根据组成成分分为三大类：石陨石（主要成分为硅酸盐）、铁陨石（铁镍合金）、石铁陨石（铁和硅酸盐混合物）。根据物理、化学性质又可分为球粒陨石和分异陨石两大类。

在目前发现的陨石中，球粒陨石占总数的91.5%，其中普通球粒陨石占80%。

世界上最大的石陨石是1976年陨落在我国吉林省的吉林普通球粒陨石，其中1号陨石重约1 770 kg。

世界上最大的铁陨石是非洲纳米比亚的Hoba铁陨石，重60 t。

在我国新疆阿勒泰地区青沟县境内银牛沟发现的铁陨石是世界第三大铁陨石，重约28 t。

地月系

地球和它的卫星月球围绕它们共同的质心运动组成的天体系统叫地月系。这个质心位于地球内部地月连线上靠近月球方向距地心4 700 km处。

双星和聚星

夜空中的点点繁星肉眼看起来好像都是相互独立的，但是，用望远镜看，75%的恒星都是由两颗以上恒星组成的恒星系统。

双星 binary star

由两颗恒星组成的恒星系统被称为双星。

聚星 multiple star

聚星是由3~10颗恒星组成的系统。

星团 cluster

由10颗以上相互之间有引力作用的恒星聚集在空间不大的区域里，组成的天体系统被称为星团。在地球上观测到的都是银河系内的星团。

星团分为疏散星团和球状星团两大类。

疏散星团 open cluster

组成成员较少，一般由数十到数千颗恒星组成；相互之间距离较远，可在望远镜中分解。疏散星团明显集中分布在银道附近，因此又被称为银河星团。

球状星团 globular cluster

球状星团中的恒星较多，一般由数千至数十万颗恒星组成，外形接近球形，相互距离较近，尤其中心恒星分布非常密集。球状星团多数存在于星系晕中，以老年恒星为主。

星系galaxy

星系是由巨大引力束缚在一起的由几百万颗以上的恒星，以及星际气体和尘埃物质等组成的，直径数千光年至数十万光年的庞大的天体系统。

仅包含几百万颗恒星的小星系，被称为矮星系（dwarf galaxy）。大型的星系则可能由数千亿颗恒星组成。

星系按照外形可以分为3类：旋涡星系、椭圆星系和不规则星系。

旋涡星系spiral galaxy（S）

旋涡星系外形像旋涡。又分成许多亚型。

椭圆星系elliptical galaxy（E）

椭圆星系外形近似椭圆，呈球形或椭球形，没有旋涡。根据扁度的不同分为8个亚型E0~E7，E0最接近圆形，E7最扁。

不规则星系irregular galaxy（Ir）

旋涡星系和椭圆星系以外的星系为不规则星系。

银河系galaxy

银河系是太阳所在的星系，它是一个由大约2 000亿颗恒星组成的旋涡星系。

天文观测

在地球上看星空——星座

星座是古人为了便于识别星空而人为划分的天区。目前国际通用的星座有88个。星座的名称大部分是古希腊神话中的天神和神兽。

星座中恒星的名字有希腊字母，一般按目视星等排，最亮的是 α，然后是 β，……希腊字母排完了，就用数字排；变星按发现的时间顺序，以拉丁字母从 R 开始命名，当星座中的变星超过9个时，开始用双字母 RR、RS……

我国古代将星空划分为三垣二十八宿，其实也是一种星座的划分方式。

当我们仰望星空，在不同的时间，不同的地点，会看到大不相同的星空，郊外空气清新的地方，没有月亮的晴朗夜晚，我们可能看到5等甚至更暗的星星，而在灯火通明的城市，再加上大气的严重污染，也许连3等星都看不到，夜空中只有很少的几颗星星，因此，要认识星空最好去郊外。

星星为我们指方向

认识星星的主要用途是星星可以告诉我们方向。

北斗星与北极星

北斗是北半球最容易辨认的一组星，由6颗2等星和1颗3等星排列成一个斗（杓），从斗口依次名为天枢、天璇、天玑、天权、玉衡、开阳、摇光，其中开阳是一颗肉眼可见的双星，那颗暗一些的星中国古人称其为"辅"。

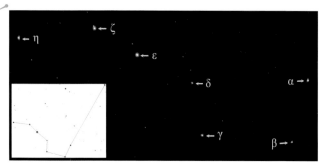

北斗

北极星中国古人称其为勾陈一，又称天皇大帝。天枢、天璇为指极星，以这两颗星向天玑方向外延伸5倍距离，就可以找到北极星。北极星位于正北方，其高度等于观测地的地理纬度。找到了北，我们就可以慢慢来认识其他星星了。

在星空中，北极星方向是北，从北极星向外的放射线（赤经线）指向南，与赤经线垂直的是赤纬线，赤纬线是圆弧形，距离北极越远，圆越大，当我们用照相机对准北极星长时间曝光，会发现所有的星星都环绕北极星旋转，星星的轨迹正是赤纬线。

拱极星迹

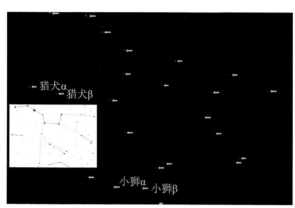

大熊座

| 大熊座 | UMa |

　　大熊座有6等以上的恒星125颗，其中北斗七星即 α，β，γ，δ，ε，ζ，η 为其主体，斗柄是熊尾巴。

| 小熊座 | UMi |

　　小熊座有6等以上恒星20颗，其中有7颗主要亮星，也排列成斗形，中国古代也称其为"小北斗"。位于斗柄末端的 α 即北极星，是小熊的尾巴尖。小熊座 β 也是2等星，中国古代称其为"帝"，它是2 000年前的北极星。

　　大熊和小熊在希腊神话中是一对母子，由于母亲遭天后嫉妒，被施了魔法变成了熊，天神宙斯不忍他们母子分离，就将儿子也变成了熊。

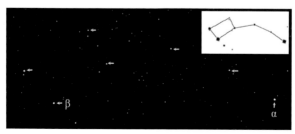

小熊座

仙后座 | **Cas**

仙后座是北天极附近另一个容易辨认的星座，有6等以上的恒星90颗，其中5颗亮星 α, β, γ, δ, ε 排列成英文字母"W"形。

仙后座和北斗七星分列于北极星的两侧，因此，通常我们看到北斗时，不容易看全它，而看不全北斗七星时，仙后座就成了寻找北极星的辅助星座。连接仙后座 α 和 χ，在其延长线上就能找到北极星。

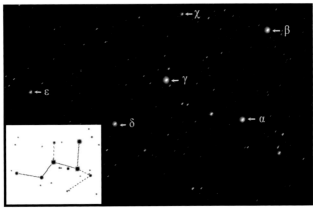

仙后座

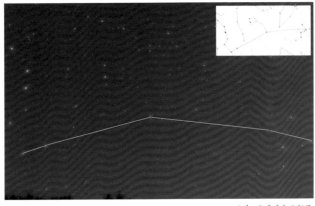

北斗、仙后座与北极星

仙王座

Cep

在希腊神话中，仙王和仙后是一对夫妻，它们紧挨着。仙王座在仙后座的西边，有6等以上的恒星60颗。其中5颗亮星排列成上尖下方的五边形，好像西方古代国王的王冠。

这里所说的西边在天空上看起来并不总是在西方，必须注意是以北极星为参照点的西边。或者说当仙王和仙后高于北极星时，看起来是仙王在西边，而当它们低于北极星时，仙王就跑到东边去了。但是如果我们从星空来说，仙王仍旧是在西边。只要注意到星空的方位是上北下南左东右西就对上了。

仙王座中有一颗著名变星 δ（造父一），是典型的造父变星。

| 天龙座 | **Dra** |

天龙座有6等以上的恒星80颗。其中10多颗亮星盘旋形成龙形，龙头朝外，由4颗星组成，龙尾在大熊座和小熊座之间，位于龙头的γ是2等星，也是本星座最亮的1颗星，此外还有β，δ，ζ，η，ι 5颗3等星，而位于龙尾附近的α只是一颗4等星。

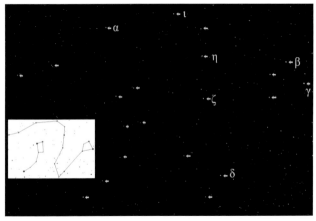

天龙座

| 鹿豹座 | **Cam** |

鹿豹座也是北天极附近的星座，位于仙后座以东，有6等以上的恒星50颗，但其中最亮的星只有4等，不容易辨认。

黄道十二宫

　　黄道是我们在地球上看到太阳在星空中运行所走过的轨迹。大约2 000年前，古代西方人将黄道平均分为十二等分，将每一份向南北各延伸8°的范围称为"宫"，用宫内的主要星座命名，即"黄道十二宫"。宝瓶宫（1.21~2.19）、双鱼宫（2.20~3.20）、白羊宫（3.21~4.20）、金牛宫（4.21~5.21）、双子宫（5.23~6.21）、巨蟹宫（6.22~7.22）、狮子宫（7.23~8.22）、室女宫（8.23~9.22）、天秤宫（9.23~10.22）、天蝎宫（10.23~11.21）、人马宫（即"射手座"11.22~12.21）、摩羯宫（12.22~1.20），括号中是太阳在其中大致的时间。

　　"黄道十二宫"和我们现在看到太阳在星空中运行所穿过的12个主要星座正好相差了一个星座，这是由于2 000年来春分点的位置已经向西移动了大约30°，即从白羊座移动到了双鱼座。也就是说，如果你是白羊宫的，你的生日那天，太阳正在双鱼座内运行。

　　而我们在傍晚天刚黑时正好可以看到大约3个月后太阳所在的星座在正南方。即1月白羊，2月金牛，以此类推。

　　黄道星座的高度随着季节有明显变化。冬春季可见的比较高，如白羊座、金牛座、双子座、巨蟹座等，夏秋季可见的比较低，最低的是天蝎座和人马座。黄道星座的高度还随着观测者所在的纬度变化而变化。在我国最北边，即使是在一望无际的原野上，也难以看到完整的天蝎座和人马座，而在长江以南地区，这两个星座可以升到比较高的位置，丘陵和低山对观察它们也不会造成太大的影响。

　　观星一般要等天黑，而纬度和经度都会影响天黑的早晚，我国幅员辽阔，地区差异明显，纬度相同的地方，东部和西部日落时间相差可达近3个小时，而南方和北方在冬季和夏季日落时刻也相差明显，经度相同的地方，北方冬季日落早，夏季日落晚。一般日落后1~2小时天才完全黑，方可观星。

　　3月20日前后，南北方日落时刻没有差别，因此，我们就从这里开始认识黄道星座。3月20日傍晚，日落后大约2小时，我们可以看到西南方有一团密集的小星，那就是金牛座的昴星团。从金牛座向东，依次排列有双子座、巨蟹座和狮子座。一个月后，我们观星的时间可能要推后半小时，那时，天黑时狮子座就正好在正南方了。当然，我们在3月20日也可以看

天文观测

到同样的星空，只是要等到日落后3个半小时，事实上，如果我们坚持到后半夜，在春季我们还可以看到夏季星空，甚至是部分秋季的星座。

| 金牛座 | Tau

　　金牛座有6等以上的恒星125颗。其实星座只是一头威武的雄牛的上半身，这里有两个距离我们最近的疏散星团，昴星团和毕星团。昴星团又称七姐妹星团，梅西叶天体编号为M45，天气好的情况下肉眼可分辨出7颗星，实际上这个星团包含的星超过100颗。毕星团呈英文字母"V"字形。昴星团是牛心，毕星团是牛头，其中最亮的那颗1等星 α（中文名毕宿五）是牛眼。沿"V"字的两边向前延伸，是金牛的两只长角，上面那只角的顶端 β 是2等星，下面的 ζ 是3等星，在 ζ 的附近，还有一朵著名的星云——蟹状星云，它是1054年超新星爆发后留下的遗迹，只是它的亮度太暗了，在这幅图上看不到。μ，ν 和 ξ，o 是4等星，分别为金牛的两条前腿。照片拍摄于2012年10月中旬，图中最亮的那颗星是一颗行星——木星，在星图上是没有它的，它大约一年在星座中移动一个宫的位置，也就是说，如果今年它在金牛座，明年它就会移动到双子座。

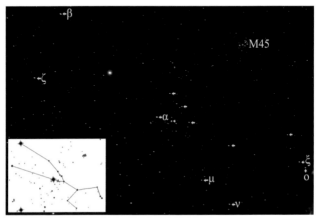

金牛座

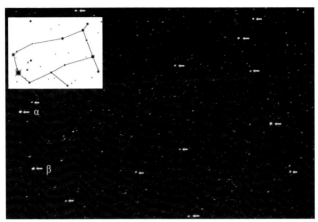

双子座

| 双子座 | Gem

双子座有6等以上的恒星70颗。双子座是一对孪生兄弟，他们并肩而立，最亮的β（北河三）为1等星，α（北河二）为2等星，它们是两兄弟的头部，由此向西南延伸的两条主线为两兄弟的身体，底部横生向外的是他们的脚。

| 巨蟹座 | Cnc

巨蟹座有6等以上的恒星60颗。巨蟹座没有亮星，最亮的是4颗4等星，α，β，δ和ι，它们组成一个"人"字形。虽然这个星座中没有亮星，但当你在晴朗的郊外时，也很容易找到它，因为在δ和γ之间，有一个著名的疏散星团——鬼星团（二十八宿之鬼宿）。图上左下角那4颗亮星是长蛇座的蛇头，也是比较容易辨认的部分。

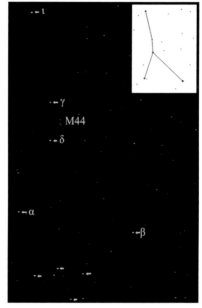

巨蟹座

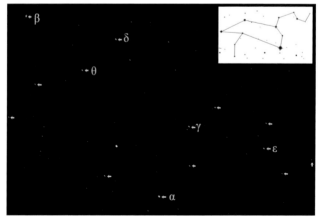

狮子座

狮子座 | **Leo**

　　狮子座有6等以上的恒星70颗。这是一头面向西方的雄狮，很容易辨认，2颗3等星 γ 和 ε 、3颗4等星和1颗1等星 α （轩辕十四）组成的一个反问号形是雄狮的头和前腿，后面的3颗星组成了一个直角三角形，是狮子的臀部和尾巴，其中 δ 和 θ 是3等星，而狮子尾尖上的那颗星是本星座第二亮星 β ，是2等星，它还是春季大三角的成员之一。照片上那颗比轩辕十四还要亮的星也是一颗行星——火星。

室女座 | **Vir**

　　室女座有6等以上的恒星95颗。α 为1等星，是二十八宿中的角宿一，被当作是东方苍龙的一只角。室女座是希腊神话中的农业女神，她手持镰刀和麦穗，角宿一就是她握着麦穗的右手，ε ，δ 和 ζ 组成的三角形是她背上的翅膀，β ，ν 和 o 组成的三角形是她的头部，τ ，ι ，κ ，λ ，μ 和109是她飘逸的裙裾。

　　照片拍摄于2012年7月下旬的傍晚，天还未完全黑，室女座位于西方天空，已经快要落下去了。其中红箭头所指的两颗星是行星，角宿一之北的是土星，γ 之南的是火星，它们在星空中的位置是不断变化的。火星运行得比较快，春天它在狮子座，到了夏天它已经运行到了室女座。而土星运行的速度很慢，2011年春天它在室女座 γ 和 θ 之间，一年多过去了，它只移动了很小的距离，事实上我们要看到土星在星空中运行一周需要将近30年时间。

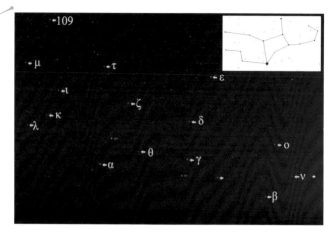

室女座

| 天秤座 | **Lib**

　　天秤座有6等以上的恒星50颗。天秤座是一个有着两个秤盘的秤，α，β和σ组成的等腰三角形是秤杆，ν，τ和θ分别是两个秤盘。

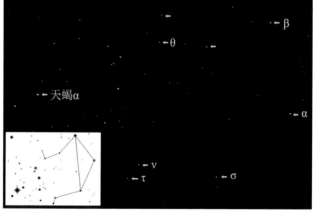

天秤座

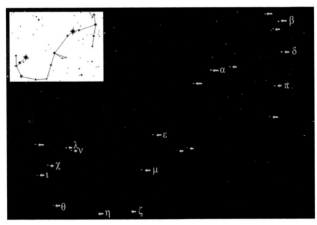

内蒙古锡林浩特N44°44′看到的天蝎座

　　天蝎座有6等以上的恒星100颗。天蝎座是夏季最漂亮的星座，在中纬度地区（我国中原一带），它的地平高度比较低，在高楼林立的城市中，即使没有辉煌的灯光，也很难看到它。在视野开阔的郊外，天黑以后，可以在南方低空找到它。它的形态很容易辨认，可以3颗星一组来认识它。它头朝西，3颗3等星纵向排列，δ是头，β和π是两只钳子，中间横向排列的3颗星是胸部，红色的1等星α是心，是二十八宿中的心宿二，它是中国古代最早观测的恒星，又称"大火"；然后是纵向的ε，μ，ζ，横向的η，θ，ι的蝎子尾，最后是向上弯曲的尾尖上的勾刺χ，λ，ν。

| 人马座 | Sgr

人马座也是一个地平高度难以升高的星座，有6等以上的恒星115颗。人马座是一个上半身为人，下半身为马的神人，其前半部分是弓箭，由两个斗组成，中国古人称其为"斗"（南斗六星 ζ，τ，σ，φ，λ 和 μ）和"箕"（η，ε，δ，γ 和 χ），因为斗在北，箕在南，即有了所谓"南箕北斗"。大家一定要注意，这里的北斗指的可不是北斗七星，而是南斗六星，这两个斗也是二十八宿中的两宿，即斗宿和箕宿。

夏季的傍晚，当我们能看到明亮的银河时，顺着银河向南方看，银河以西是天蝎座，以东就是人马座了。由于人马座的方向正是银河系中心的方向，因此，这部分的银河是最明亮的，其中还有不少明亮的星云和星团。

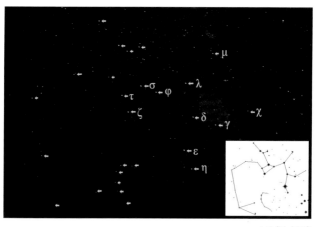

人马座和南冕座

| 摩羯座 | Cap

摩羯座有6等以上的恒星50颗。这是一头羊头鱼尾的怪兽，形态为弧线倒三角形，西边那个角即 α 和 β 为头，θ 和 ι 是背部，δ，γ，ε 和 κ 是尾，φ 和 ω 是前腿。

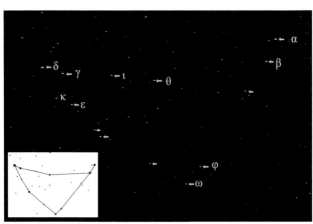

摩羯座

宝瓶座 Aqr

　　宝瓶座有6等以上的恒星90颗。这是天宫中一名侍者，他手持一只供客人洗手的清水瓶。α，θ，ι是侍者的身躯，β，ε是腿和脚，η，π，ζ，γ是水瓶，φ，ψ，ω和κ，λ，τ，δ，88两条线组成的区域是水瓶里流淌出来的清水。

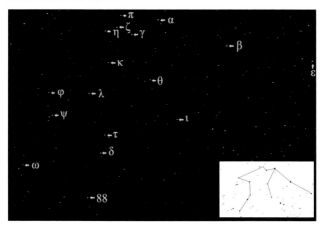

宝瓶座

双鱼座  Psc

双鱼座有6等以上的恒星75颗。双鱼座没有亮星，最亮的星是4等星，但春分点位于双鱼座，在 λ 以东不远处。双鱼座是希腊神话中大爱神维纳斯和小爱神丘比特的化身。星座形象是一条丝带（以 α 为结点）联系着两条鱼。σ，τ，ν，φ，ψ，χ 是一条鱼，γ，θ，ι，ω，λ，κ 是另一条鱼。

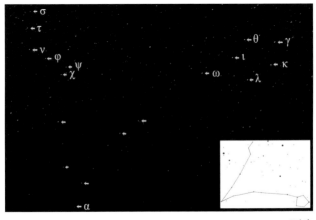

双鱼座

白羊座 Ari

白羊座有6等以上的恒星50颗。这是一只俯卧着的绵羊，两颗最亮的星 α（2等星）和 β（3等星）组成了羊头，α，δ 和41这个等腰三角形是羊身。

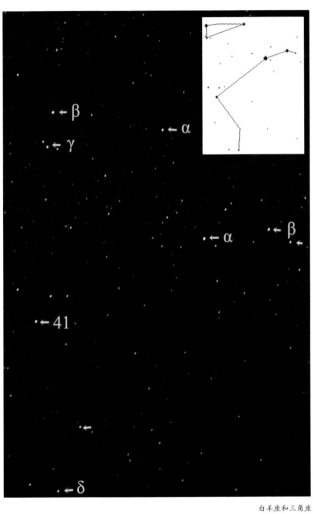

四季星空

星空是随着时间不断流转的，所谓四季星空，指的是某一季节天黑后不久的星空。例如春季星空一般是指4月中旬21时左右的星空，而每相差一个月，我们在夜晚看到同样星空的时间就大约相差2个小时，则3月中旬，我们是在23时看到春季星空，而在5月中旬，是在19时看到同样的星空。也可以这样说，如果在4月中旬的凌晨3时，我们就可以看到7月中旬21时左右的星空，也就是夏季星空。

春季星空

春季星空最容易辨认的是狮子座和牧夫座。在4月中旬的傍晚八九点，我们会看到北斗七星高挂在东偏北方的天空，从北斗七星的斗柄向东南方向延伸，在正东方，我们可以找到牧夫座最亮的恒星——大角。

| 牧夫座 | **Boo**

牧夫座有6等以上的恒星90颗。这是春季里著名星座之一，大角是牧夫座α，为0等星，是中国古代所称东方青龙的另一只角，它是春季星空最明亮的恒星。

从北斗七星到大角，再到室女座的角宿一，是一个圆滑的大弧线，这是春季星空的重要标志之一——春季大弧线。图上在角宿一之上，还有一颗亮星是行星——土星，它的位置是不断变化的，当土星不在这里时，更容易认清这个大弧线。

大角、角宿一，再加上狮子座β（五帝座一），即狮子尾巴尖上那颗2等星，则形成春季星空的另一个重要标志——春季大三角形。

从大角向上，2颗3等星、3颗4等星形成一个上宽下窄、头尖的五边形是牧夫的身体，向下左右各一颗星则是他的双脚。

大角

角宿一

春季大弧线

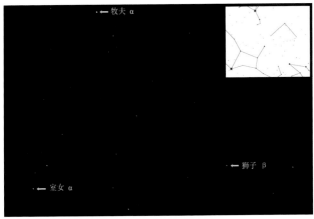

牧夫 α

狮子 β

室女 α

春季大三角

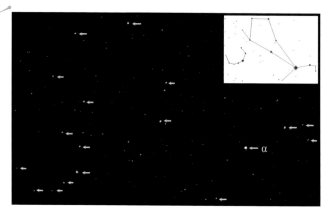

牧夫座和北冕座

| 北冕座 | **CrB**

北冕座有6等以上的恒星20颗。它位于牧夫座的东边，虽然天区不大，但很规整，7颗比较亮的恒星组成一个王冠的形状。

| 后发座 | **Com**

后发座在狮子座之东，室女座之北，有6等以上的恒星53颗。后发座最亮的 α 和 β 是4等星，其余是更暗的5等星和6等星，集中分布在从 γ 到 α 的一个扇形区域内，人们将其想象为头发是再形象不过了。

后发座虽然没有亮星，但这个天区却有着数量众多的河外星系，在它的北部 γ 附近，是一个著名的星系群——后发座星系群，在它与室女座交界的区域，是室女座星系群。

| 猎犬座 | **CVn** |

猎犬座有6等以上的恒星30颗。猎犬座在牧夫座以西，是牧夫手上牵着的两条猎犬，亮一点的α是1颗3等星，β是4等星，其余恒星都极其暗，难以观测到。

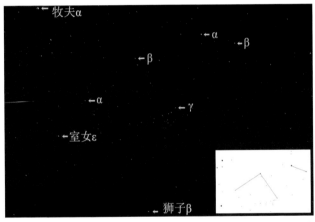

后发座和猎犬座

| 小狮座 | **LMi** |

小狮座有6等以上的恒星20颗。位于狮子座的北方，3颗4等星像一只俯卧的幼狮。（见P27图大熊座）

| 乌鸦座 | **Crv**

乌鸦座有6等以上的恒星15颗，位于室女座之南。乌鸦座虽然天区不大，恒星不多，可很容易辨认，由4颗3等星组成一个上窄下宽的梯形，在春季南边低空没有其他星星比它们更抢眼了。

乌鸦座在希腊神话中是一只造谣生事的乌鸦，中国古人将其看作一驾战车，是二十八宿之轸宿。

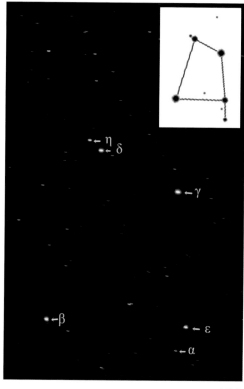

乌鸦座

巨爵座

巨爵座有6等以上的恒星20颗。位于乌鸦座的西边，8颗星排列成古人使用的高脚酒杯（爵）形，形态比较形象，但亮度远较乌鸦座差很多，都是4等星和5等星，只有星空条件非常好的时候容易辨认。巨爵座是二十八宿之翼宿。

六分仪座

六分仪座有6等以上的恒星25颗。位于巨爵座之西，轩辕十四之南，张宿之北，只有1颗 α 是4等星，一般难以辨认。

长蛇座

长蛇座有6等以上的恒星130颗。这是全天长度最长的星座，东西跨越了超过100° 范围。长蛇座包含了二十八宿中的三个宿，蛇头是柳宿，中心部分是星宿，最亮的 α 是星宿一，被认为是蛇心，其后还有张宿，即 υ ， λ 和μ 。

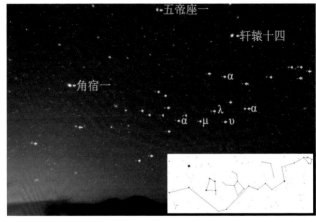

长蛇座、乌鸦座、巨爵座和六分仪座

夏季星空

|银河| **MilkyuWay**

　　银河是银河系主体在天球上的投影。由于太阳位于银河系的外围银盘上，人马座方向是银河系的中心，因此，从地球上看，人马座附近的银河星是最密集明亮的。也就是说我们在夏天的傍晚看到的是银河中心的方向。

　　7月中旬的晚上9点多钟天才开始黑暗下来，这时我们到郊外可以看到银河，它正从东北方向朝着南方横贯过天空。

夏季银河南部

| 天鹅座 |

天鹅座有6等以上的恒星150颗。夏季的傍晚，我们可以看到银河穿越头顶的部分有一个大十字形，这是一只飞翔在银河上的巨型天鹅，其身体恰好与银河的方向一致，头（β）朝南，尾朝北，α位于尾尖上，是1等星。μ，ζ，ε和δ，θ，ι，κ分别为伸展的两翼。中国古代将天鹅翅膀想象为银河上的一艘大船，α为银河上的渡口，名为天津四。

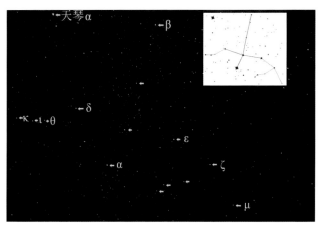

天鹅座

| 天鹰座 | Aql

天鹰座有6等以上的恒星70颗。从天鹅座沿着银河向南，在银河之东可以很容易地找到3颗星，它们排成直线，中间的是天鹰座α，为1等星，它就是牛郎星，两边的亮一点、距离近一点的是3等星γ，是牛郎和织女的儿子，远一点的是4等星β，是女儿。以星座来说，α和γ是鹰头，θ是鹰尾，ζ和δ、λ形成的"V"字形为天鹰的翅膀。

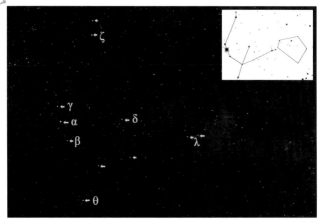

天鹰座

| 天琴座 | Lyr

　　在银河以西，隔着天鹅座与天鹰座相望的是天琴座，有6等以上的恒星45颗。α 是一颗0等星，它就是著名的织女星，是夏季夜空中最明亮的恒星。织女星旁边由1颗3等星和3颗4等星组成了一个非常规整的平行四边形，被想象成了琴弦，中国古人则把它们当成了织女的银梭。

　　牛郎星、织女星和天津四星组成了星空中的夏季大三角。

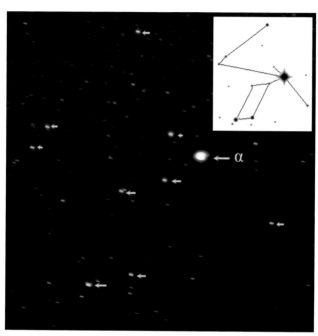

天琴座

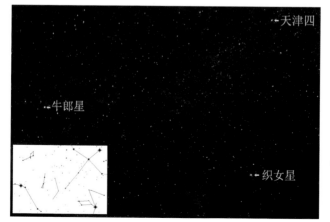

夏季大三角

武仙座 | Her

　　武仙座在北冕座以东，天琴座以西，有6等以上的恒星140颗。武仙座是希腊神话中大英雄赫拉克勒斯的化身，他头朝南，脚朝北倒挂在天空，其中6颗3等星分别为α（头）、β、δ（双肩）、ζ（腰）、μ（左臂）、π（臀部）。他左手握着九头蛇，由ν，ξ，ο，102，109，110和111组成，μ和λ为手臂，γ，ω和29是右手和高举的木棒，θ和ι是前曲的左腿，σ和φ是右腿。在ζ和η之间，有北半球最亮的球状星团——M13。

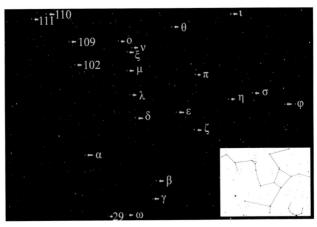

武仙座

蛇夫座 | Oph

　　蛇夫座在武仙座以南，有6等以上的恒星100颗。这是一位两手握着一条巨蛇的神医，巨蛇座也由此被分成了两部分。α为2等星，是蛇夫的头，其余都是3等以下的星，θ和φ是双脚。

| 巨蛇座 | Ser

巨蛇座是神医蛇夫采药时遇到的正在蜕皮的蛇，有6等以上的恒星60颗。蛇头朝西，由3颗4等星 β， γ 和 κ 组成一个三角形，蛇尾朝东，有3等星 η 和4等星 θ 两颗比较亮的星。

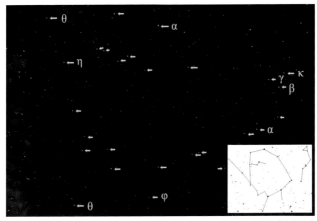

蛇夫座和巨蛇座

| 海豚座 | Del

在天鹅座和天鹰座之间，有4个小星座，如图，自左至右为小马座、海豚座、天箭座和狐狸座。

海豚座有6等以上的恒星30颗。海豚座很形象，就像一个身体呈漂亮流线形的小海豚，极容易辨认。

| 天箭座 | Sge

天箭座在海豚座之西，有6等以上的恒星20颗，其中4颗4等星组成了一个箭形，也很容易辨认。

| 小马座 | Equ |

小马座在海豚座之东，有6等以上的恒星10颗，其中4颗较亮的小星组成一个小马头。

| 狐狸座 | Vul |

狐狸座在天箭座和天鹅座之间，有6等以上的恒星45颗。狐狸座最亮的星是一颗4等星，难以辨认，但其中有一个著名的行星状星云——哑铃星云。

小马座、海豚座、天箭座和狐狸座

| 盾牌座 | Sct |

盾牌座位于银河上，在天鹰座和人马座之间，有6等以上的恒星20颗，形状为不规则的五边形。

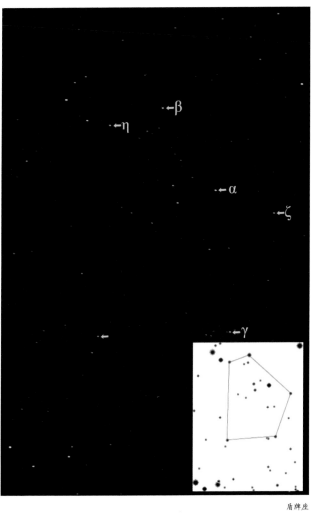

盾牌座

秋季星空

四季星空中，秋季星空应该是最黯淡的，天顶附近没有1等亮星。

| 飞马座 | **Peg**

飞马座有6等以上的恒星100颗。这是一匹长着翅膀的骏马，也只有前半部分。飞马座 α，β，γ 和仙女座 α 组成了一个大四边形，是秋季星空中最突出的标志。这匹飞马在我国看是头朝下的，α 和 γ 是飞马的翅膀，ε 和 θ 是马头，ζ 和 ξ 是马颈，从 β 分出两支，μ，λ，ι，κ 和 η，π 是马的两条前腿，其中 α，β，ε 和 η 是3等星，其余都是4等以下的星。

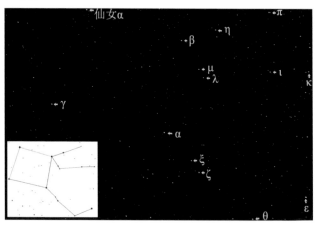

飞马座及秋季大四边形

| 仙女座 | **And**

仙女座在飞马之东，仙后之南，有6等以上的恒星100颗。仙女座是头朝飞马的一位美貌少女，3颗2等星呈角度很小的弧线，分别为 α（头）、β（胯）、γ（左脚），δ 是仙女的胸部，θ 和 χ 是她的右臂，ζ 为她的左臂，φ 和51是她的右腿。由 β 向西北方延伸，有两颗间距相等的4等星 μ 和 ν，在 ν 附近的那一团中间比较亮，边缘模糊的天体就是北半球唯一一个肉眼可见的河外星系，也是距离我们最近的旋涡星系——仙女座星系。

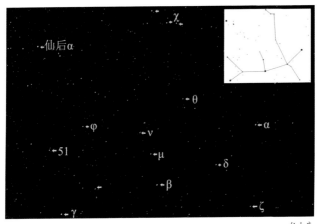

仙女座

| 英仙座 | **Per**

英仙座位于仙女座以东，金牛座以北，有6等以上的恒星90颗。英仙座为一个左右反向的"入"字形，η，γ 和 τ 组成的三角形是它的头，α 是胸，δ 是腰，ν，ε，ξ，ζ 和 ο 是腿，κ 和 β 是左臂和手。英仙和仙女在希腊神话中是一对夫妻。确认英仙座的另一个方法是沿着英仙的左脚向下，不远处就可发现一团模糊的星团——昴星团。

英仙座中的 β 是一颗著名的食双星——大陵五，照片正好拍摄于它亮度最大的时段。

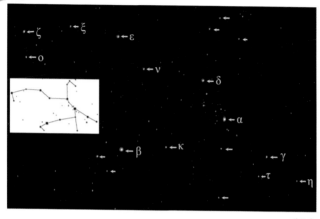

英仙座

| 三角座 | **Tri**

三角座位于仙女座的东南，白羊座之北，有6等以上的恒星15颗，形态近似一个直角三角形，只要大气条件比较好，就很容易辨认。（见P41图白羊座）

| 蝎虎座 | **Lac**

蝎虎座有6等以上的恒星35颗。蝎虎座位于仙王座、仙后座、仙女座、飞马座和天鹅座之间，由一群不很亮的小星组成，最亮的α和1是4等星，比较难辨认。

![星座图]
飞马π
1
β 4
α 5 6
飞马η
飞马β

蝎虎座

鲸鱼座 | Cet

　　鲸鱼座有6等以上的恒星100颗。不要把它想象为一条鲸鱼，它其实是一只长着鱼尾和两只前爪的海怪。它头在东，α是鱼眼，是3等星，尾在西，β是一颗2等星，也是这个星座最亮的1颗星，π和τ是两只前爪，在第一只前爪根的位置上，是一颗最著名的长周期变星 o（蒭藁增二），它的光变周期达300多天，最亮时可达2等星甚至1等星，最暗时不到10等星，照片拍摄时它的亮度约为5等。由于鲸鱼座亮星不多，在我国北方地平高度又比较低，比较难辨认。

南鱼座 | PsA

　　南鱼座有6等以上的恒星25颗。南鱼座是一个不大的星座，而且在我国北方地区它也不会升到很高的位置，但是其中的α（北落师门）是1等星，因此，每当10月下旬天黑以后，只要南方视野足够开阔，我们就可以在低空看到它。北落师门是鱼头，δ，β，ι，ε 4颗4等星和其余几颗5等星组成了鱼身。

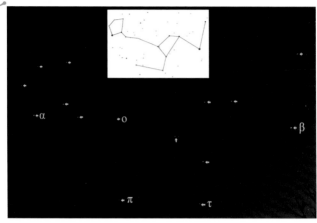

鲸鱼座

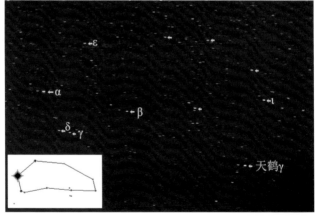

南鱼座

玉夫座

　　玉夫座在南鱼座之东，有6等以上的恒星30颗，其中只有2颗4等星，其余都是很暗的5，6等星（见P73图）。

冬季星空

　　寒冷的冬季夜晚，人们往往不太喜欢外出，可冬夜的星空却是最璀璨的。天顶附近1等以上的亮星有7颗之多。

猎户座

　　猎户座有6等以上的恒星120颗。猎户座是冬季里最壮观的星座，这是一名勇武的猎人，他左手持盾牌，右手持木棒，正在与金牛搏斗。猎人的身体由7颗亮星组成，是二十八宿的参宿。中间3颗靠得比较近的是 ζ（参宿一）、ε（参宿二）、δ（参宿三），是猎人的腰带，上面的 α（参宿四）、γ（参宿五）是左右肩，κ（参宿六）、β（参宿七）是左右脚。这7颗星中，α 是1颗亮度变化在0~1等的变星，β 是1颗0等星，其余5颗为2等星。在猎人的双肩之上，有几颗小星是猎人的头，在他的腰带下方，有一串纵向的小星，它们被想象成猎人的佩剑。天气好的时候，我们会发现这里有一片模糊的云雾，这就是北半球肉眼可见的星云——猎户座星云。

　　在猎人的身后（东边），是他的两条忠实的猎犬——大犬和小犬。

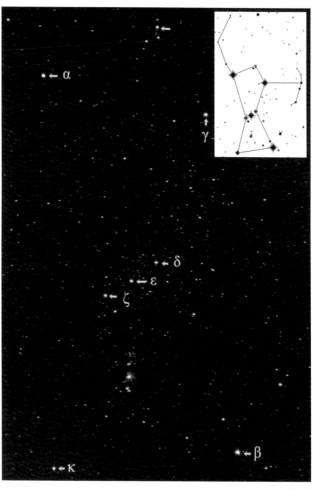

猎户座

大犬座 CMa

大犬座有6等以上的恒星80颗。大犬座α（天狼星）是头，是全天最亮的恒星，为-1.46等，比1等星要亮10倍左右。此外，星座中有4颗2等星，β前腿和δ，ε和η这个三角形是臀部和尾巴，2颗3等星，o和ζ，其中ζ是后腿。在大犬座中，还有一个比较容易观察的疏散星团M41。

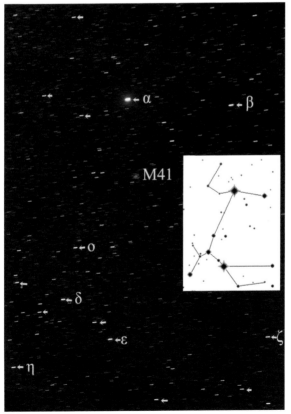

大犬座

| 小犬座 | CMi

　　小犬座有6等以上的恒星20颗。亮星有 α（南河三），为犬身，0等星，β（南河二）为犬头，3等星，其余都是5等以下的暗星，其中 ζ 和其后的两颗星组成犬尾，δ 为后腿。

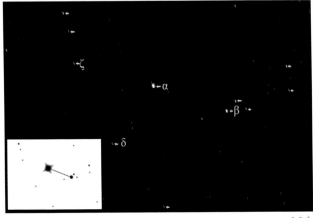

小犬座

| 御夫座 | Aur

　　御夫座有6等以上的恒星90颗。御夫是一位牧羊人，御夫座的4颗星像一只风筝，加上金牛的一只角组成一个大五边形，很容易找到。御夫座 α（五车二）是0等星，在距离这颗星很近的地方有一个由2颗3等星和1颗4等星组成的小三角形，被想象成御夫背上趴着的一只小羊。

　　冬季星空的7颗1等以上亮星有两种组合，天狼星、南河三、北河三、五车二、毕宿五和参宿七形成了一个南北略长的大六边形，被称为冬季大钻石，图上毕宿五附近那颗明亮的星是木星。

　　全天最亮的天狼星和南河三，以及在钻石中心的亮星参宿四又组成了一个等边三角形，被称为冬季大三角。

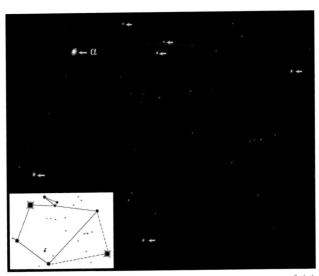

御夫座

冬季大三角

五车二

北河三

南河三

毕宿五

天狼星

参宿七

冬季大六边形

天兔座 Lep

　　天兔座在猎户的脚下（南边），是猎人的猎物，有6等以上的恒星40颗。天兔座的形状像两个方格子，中国古人把它的东半部当成了天上的洗手间，名为"厕"，α（厕一）可以看作是兔子心，β（厕二）和ε为前腿，δ和γ是后腿，μ为兔头，ι，κ和ν，λ是两只竖起来的兔子耳朵，ζ是兔子的臀部，η是兔子尾巴。

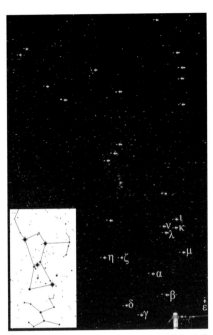

猎户座和天兔座

波江座 Eri

　　波江座有6等以上的恒星100颗。波江座是一条从猎户脚下向西南蜿蜒流淌的大江，其中最亮的那颗1等星α（水委一）只有在我国最南部地区才可见到。

麒麟座 Mon

　　麒麟座在大犬和小犬之间，是一只头上长着独角的马，有6等以上的恒星85颗，其中最亮的星是α，γ，δ，ε和ζ，均为4等星，比较难辨认。

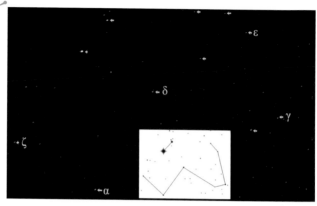

小犬座和麒麟座

| 天猫座 | Lyn

天猫座有6等以上的恒星60颗。天猫座最亮的星也不到4等星，只有猫一样好的视力，才能分辨这个星座，所以人们命名它为天猫。

| 天鸽座 | Col

天鸽座是一只口衔象征和平的橄榄枝的鸽子，位于天兔座以南，有6等以上的恒星40颗。

南天星座

南天星座在我国北方地区是看不到的。事实上，对这一部分天区人们认识得比较晚，无论中国，还是古希腊、古埃及，对其认识都非常有限，所以星座的名称大多与神话没什么关系了。这里有鸟，如杜鹃、仙鹤、燕子、凤凰；有昆虫，如蜻蜓、苍蝇；也有工具，如罗盘、显微镜、望远镜、圆规、矩尺等。许多星座很小，也没什么亮星，最有名的星座是半人马座、南十字座和那一艘大船。

地平线上的一艘大船

在我国两广、云南和海南，4月初的傍晚可以比较完整地看到南方地平线上的那艘大船，即船帆座、船底座和船尾座，而在中原地区，只能看到船尾和船帆的一半。这艘大船正好位于银河之上，好像正在沿着银河向南方行驶。

| 船尾座

船尾座在大犬座以东，有6等以上的恒星140颗，底下的 τ 与船底相接，σ，ζ，ρ，ξ，π 和 ν 组成了高高翘起的船尾。

| 船帆座

船帆座在船尾座之东，有6等以上的恒星110颗，其中 γ，δ，κ，φ，μ，ψ 和 λ 组成了一张巨大的帆。

| 船底座

船底座的位置最靠南，只有我国最南端地区，如海南、云南的西双版纳等地才能比较完整地看到它。船底座有6等以上的恒星110颗，其中 α（老人星）为全天第二亮星，亮度为-0.6等。老人星在我国中原地区（洛阳、开封一带）最高时在地平线附近，勉强可见，因此，在中国古代星图上就标有它的位置，但周围的暗星就难以观察到了。

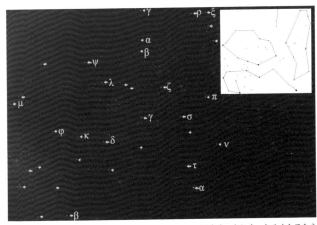

船底座、船帆座、船尾座和罗盘座

罗盘座 | **Pyx**

有船就要有罗盘，所以在船尾和船帆之间，就有了罗盘座。罗盘座有6等以上的恒星25颗，最亮的3颗星 α，β 和 γ 都是4等星。

我国低纬度可能看到的星座

在我国最南部的省区，5月的傍晚，如果能有晴天，在南方地平线上会看到一群亮星，那就是半人马座和南十字座。

南十字座 | **Cru**

南十字座在半人马座的西南，有6等以上的恒星30颗。星座很小，但亮星不少，其中 α（十字架二）和 β 为1等星，γ 是2等星、δ 是3等星，这4颗星组成了一个不大的十字架，很容易辨认。

半人马座 | **Cen**

半人马座有6等以上的恒星150颗。半人马座 α（南门二）为0等星，β（马腹一）为1等星。南门二是由3颗星组成的聚星，其中一颗11.3等的伴星（比邻星）是距离我们最近的恒星，距离太阳系约4.3光年。图上最下面两颗星即南门二和 θ 被云挡住了。5139是半人马座 ω 星团，为全天最亮的球状星团，亮度为3.5等，在我国北纬25°以南最高时可达到15度以上，可以观测到。

圆规座 | **Cir**

圆规座位于人马座之东，有6等以上的恒星20颗。

豺狼座 | **Lup**

豺狼座位于人马座和天蝎座之间，是那只对建设罗马城有功的母狼，有6等以上的恒星70颗。

半人马座和南十字座

| 矩尺座 | Nor

矩尺座位于豺狼座以南，有6等以上的恒星20颗。

| 天坛座 | Ara

天坛座位于矩尺座以东，天蝎尾部以南，是诺亚在洪水退去后设立的祭坛，有6等以上的恒星30颗。

| 南冕座 | CrA

南冕座在天蝎座以东，人马座以南，是一个与北冕类似的半圆形，有6等以上的恒星25颗（见P32图人马座和南冕座）。

| 望远镜座 | Tel

望远镜座在南冕座以南，有6等以上的恒星30颗。

| 雕具座 | **Cae** |

雕具座在天鸽座之西，有5，6等恒星10颗。

| 唧筒座 | **Ant** |

唧筒座在罗盘座以东，有6等以上的恒星20颗。

| 天炉座 | **For** |

天炉座位于玉夫座之东，有6等以上的恒星35颗。

| 显微镜座 | **Mic** |

显微镜座在南鱼座以西，摩羯座以南，有6等以上的恒星20颗。

| 天鹤座 | **Gru** |

天鹤座在显微镜座以东，有6等以上的恒星30颗。

| 凤凰座 | **Phe** |

凤凰座位于天鹤座以东，玉夫座以南，有6等以上的恒星40颗。

11月中旬的晚上9点左右，在我国长江以南的地区可以在南方低空看到图上的几个小星座，最西边的是我们已经熟悉的南鱼座，在它的东边是玉夫座，南边是天鹤座，东南边是凤凰座，凤凰座东南的那颗亮星是1等星——水委一。

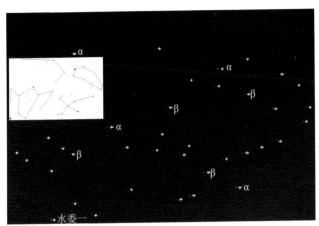

南鱼座、天鹤座、凤凰座、玉夫座

我国几乎看不到的星座

南天的星座我们看不到，但其中有几个很让人向往的星座，因此简单介绍一下。

当我们在南半球看星空时，会发现天空有两块云雾状天体，这就是大麦哲伦星系和小麦哲伦星系，它们是距离我们最近的银河外星系。

 南极座　Oct

南极座包括南天极附近天区，有6等以上的恒星35颗。由于靠近南天极的天区没有超过5等的亮星，因此没有南极星。

 剑鱼座　Dor

剑鱼座有6等以上的恒星20颗。剑鱼座是大麦哲伦星系所在的星座。

| 杜鹃座 | **Tuc**

杜鹃座有6等以上的恒星25颗。小麦哲伦星系位于杜鹃座，在小麦哲伦星系以西，还有一个南半球肉眼可见的球状星团——杜鹃47，它的亮度为3.8等，仅次于半人马座 ω 星团。

| 水蛇座 | **Hyi**

水蛇座位于大麦哲伦星系和小麦哲伦星系之间，有6等以上的恒星20颗。

| 山案座 | **Men**

山案座位于剑鱼座以南，有6等以上的恒星15颗。

| 飞鱼座 | **Vol**

飞鱼座位于船底座以南，剑鱼座以东，有6等以上的恒星20颗。

| 蝘蜓座 | **Cha**

蝘蜓座是一只小蜻蜓，位于山案座以东，飞鱼座以南，有6等以上的恒星20颗。

| 苍蝇座 | **Mus**

苍蝇座位于南十字座之南，有6等以上的恒星30颗。

| 孔雀座 | **Pav**

孔雀座位于望远镜座以南，它就像孔雀正在开屏的扇形尾羽，有6等以上的恒星45颗。

| 南三角座 |

南三角座位于矩尺座以南，有6等以上的恒星20颗。

| 天燕座 |

天燕座位于南三角座以南，有6等以上的恒星20颗。

| 绘架座 |

绘架座位于船底座和船尾座之西，剑鱼座以东，有6等以上的恒星30颗。

| 网罟座 |

网罟座位于剑鱼座以西，有6等以上的恒星15颗。

| 时钟座 |

时钟座位于网罟座以西，有6等以上的恒星20颗。

| 印地安座 |

印地安座位于杜鹃座以西，有6等以上的恒星20颗。

天体与天象观测

观察太阳

日出和日落

日出和日落是最容易观察的天象，可观察记录太阳出没时刻、方位，还可以直接用照相机拍照。太阳高度的微小变化就会导致其亮度的巨大变化，因此，太阳稍微高一点就不能直接拍照了。

当日出或日落的时候，如果想把地面的景物拍摄清楚，太阳将会是一个很亮的光点，甚至是一小片光晕。这是因为太阳的亮度比地面其他物体的亮度高上万倍。

要想拍摄太阳清晰的圆面，就不能按照地面背景曝光，而要按照比天空背景再稍亮一两个挡来曝光。

日出日落时拍摄的照片，地面景物应该是黑暗的剪影。

如果照相机有自动测光装置，先将镜头对准天空，记下测出的光

日出

圈、速度值，然后将光圈缩小1~2挡，或将快门速度提高1~2挡。

日影的变化

日影的方向与时间

日影的方向正好与太阳的方向相反，地方真太阳时12时，日影朝向正北。12时前，朝西北，12时后，朝东北。

日影的长短与太阳高度

太阳高度即太阳的地平高度。

测量太阳高度最简单的方法是立竿见影法。

需要工具：长直竿、米尺、铅垂（可自制）。

实测

将长直竿垂直立于平坦地面，用米尺量测其影长，同时量测竿长。

绘图计算：三角函数计算：H☉ = arctg（竿长/影长）

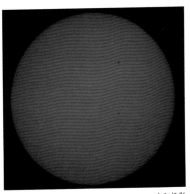

太阳投影

太阳黑子

用望远镜加滤光片或投影的方式观察太阳，有时会看到太阳上有暗斑，这就是太阳黑子。

太阳黑子是太阳大气变化最容易观测的部分，太阳大气变化总称太阳活动，除了黑子，还包括耀斑、日珥、日冕等的变化。日珥和日冕在日全食的时候比较容易观察，平

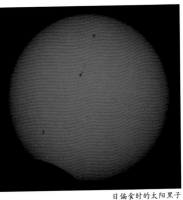

日偏食时的太阳黑子

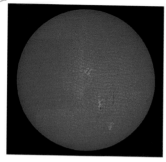

色球望远镜下的太阳色球及日珥

时则需要色球望远镜和日冕仪才能观测。

太阳黑子数的多少，标志着太阳活动的强弱。

太阳黑子最大值出现的年份称为太阳活动峰年。太阳黑子从一个峰值到下一个峰值的时间间隔为太阳活动周期。

太阳活动的周期并不是一成不变的，最长可达13.6年，短的只有9年，平均周期是11.04年。

从19世纪中期人类发现太阳黑子变化的周期以来，天文学家综合历史观测资料，推算了上溯到18世纪初的太阳黑子变化，规定以1755年开始的周期为太阳活动第1周，目前正处于开始于2011年的第24周。

观测太阳系的成员

行　星

|水星|

水星是距离太阳最近的行星，它经常被湮没在太阳的光芒中，只有在它离太阳角距最大的时候（大距时），才比较容易看到它。

|金星| Venus

金星是距离地球最近的行星，也是在地球上能看到的最明亮的行星，因此，中国古人称金星为"太白星"，它最亮时比天狼星要亮大约20倍。

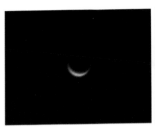

CCD拍摄的月牙形金星

小望远镜中的金星

金星还有另外两个名字——启明星和长庚星。当它位于太阳西边时，我们会在凌晨看到它，它就叫启明星；当它运行到了太阳的东边，我们就只有傍晚才能看到它，它就叫长庚星了。

在欧洲，金星是主管爱与美的女神。在大望远镜中，金星的表面罩着一层厚厚的白色面纱，确实像一个美丽而羞涩的女神。

使用50倍左右的小天文望远镜，可以看到金星的形状并不是一个圆面，而是像月球一样，是半个圆面，或者是一个小月牙儿。

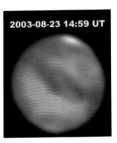

2003-08-23 14:59 UT

望远镜中的火星

| 火星 |

火星表面呈红色，大约每隔780天靠近地球一次（冲），这时是我们观察火星的最佳时机。最近一次火星冲是在2012年3月4日。火星与地球类似，用望远镜可以观察到其南北极极冠（白色的冰盖）面积的变化。

| 木星 |

木星是太阳系最大的行星，也是仅次于金星的第二亮行星。每当木星冲时（间隔399天），其亮度比天狼星大约亮4倍。2012年12月3日木星冲。

木星有4个很大的卫星，用小望远镜就可以观察到它们，在一个晚上

木星—云带及大红斑

间隔四五个小时，就可以观察到这些卫星位置的变化。使用大一点的望远镜，还可以观察到木星表面的云带（水平条纹）和大红斑。

| 土星 | Saturn

　　土星是最漂亮的行星，使用口径90 mm以上的望远镜，就可以清楚地观察到它那美丽的光环。不过，由于位置的变化，光环会以不同角度朝向我们，我们就会看到光环的宽度和亮度发生变化。2012年4月16日土星冲（间隔378天）。

| 天王星 | Uranus

　　寻找天王星是爱好者锻炼眼力的项目之一，它在冲时的亮度约为5.7等，大气条件好的时候肉眼勉强可见。2012年9月29日冲（间隔370天）。

CCD拍摄的土星

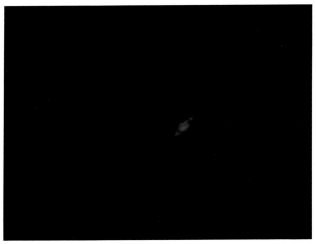

小望远镜中的土星

| 海王星 |

　　海王星冲时的亮度约为7.8等，必须借助望远镜才能观察，2012年8月24日冲（间隔367天）。

太阳系小天体
　　太阳系小天体主要包括矮行星、小行星、彗星、流星体等。

观测小行星
　　由于小行星与地球同样围绕着太阳公转，所以，它们除了有周日视运动以外，在星空背景上还有运动。

　　虽然用肉眼无法看到小行星，但许多小行星可用双筒望远镜或小望远镜清晰地观察到。有的小行星最亮时可超过海王星，有的甚至和天王星差不多亮，如1号小行星谷神星（矮行星）2011年9月22日冲时为7.7等，2012年12月18日冲时为6.7等；4号小行星灶神星2011年8月7日冲，8月4日最亮，为5.6等，2012年12月10日冲时为6.4等。

| 彗星 | Comet

　　彗星是太阳系内的一类小天体。彗星由彗头和彗尾两大部分组成。彗头又可分为彗核、彗发和氢云。

　　远离太阳的时候，彗星只有一个彗核。当彗星运行到离太阳8个天文单位以内时，逐渐产生彗发、氢云和彗尾，其亮度也开始迅速增长。

　　一般彗星需要通过天文望远镜才能观察，亮度超过5等的彗星可用肉眼观察到。

　　彗星最大的特征是：它不是一个很实的点，看上去往往带有比较模糊的轮廓。图为普通照相机拍摄的1997年海尔－波普彗星。

彗星

拍摄彗星

由于彗星的彗尾物质极其稀薄，肉眼很难察觉，长时间多张曝光后，利用软件叠加能获得更好的效果。

偶发流星

天文观测

83

火流星

流星和流星雨

流星是流星体进入了地球大气的天文现象，而且其出现有着极大的偶然性。

流星的运行轨迹一般都很长，大多只能用肉眼进行观测，望远镜往往派不上用场。

观测流星一般是在观测其他天象时捎带观测，但流星雨的爆发有一定规律可循。

流星的目视观测

记数观测：简单记录流星出现的数量和亮度。

明亮的火流星往往会留下余迹，也应该做记录。

观测者能见到流星的多少，取决于观测地的条件，还与观测者的视力、观测时的精神状况等密切相关。为此，需要使用专用的表格记录上述情况，然后根据公式推算实际流星数量。

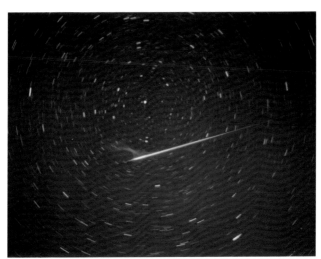

火流星及其余迹

流星雨的照相观测

拍摄流星雨，照相机焦距最好不要太长，可以是标准镜头，也可以是小广角镜头，镜头的相对口径（最大光圈）越大越好。

标准镜头的视野比人眼要小得多，即使你一晚能看到2~3个火流星，照相机仍然有很大的可能捕捉不到它们。

快门线是必需的，如果辐射点的位置比较高，照相机可以对着天顶附近拍摄，没有三脚架也可以很好地完成拍摄。

流星在天球上运动的速度至少是10°/s，比其他天体视运动的速度快2 000倍以上。理论上，目视极限星等6等时，只有−2等以上的流星才能被拍到。即使流星速度很慢并有长长的余迹，下限也就能上升到0等。因此，拍摄流星一般要选择高感光度，ISO设置在400°~800°比较适宜。如果想捕捉到更暗的流星，也可以设置ISO 3200甚至ISO 6400，但注意曝光时间要相应缩短，同时可能要使照片的噪点多一些。

拍摄时，要选择一个附近地面光极少的地方。将照相机稳固地支好，光圈放在最大，焦距放在∞，快门放在30″连续曝光模式，按照预定计划按下快门，用快门线锁住，到一定时间解锁。

流星雨

如果出现火流星，可临时解锁拍摄火流星余迹。方法，对准火流星出现的天区曝光1分钟，连续拍5~10张。

月　球

月球表面形态

使用小望远镜就可以观察到月球表面形态，如平原（月海）大的陨石坑（环形山）等，口径大一些的望远镜可以观察到更多的细节，如大环形山内部的一些小突起，以及大环形山套小环形山等。

月　相

由于月球反射太阳光，我们才能看到明亮的月面。当月球运行到不同位置时，被太阳照亮的部分朝向我们的多少不同，我们就看到了不同的月相。一般从农历初三开始可以看到弯弯的小月牙，以后每天月牙儿在长大，到初八前后变成半个明亮的月球，即上弦月，十六前后是满月（望），然后就开始变小，到廿三前后又是半个明亮的月面——下弦月。

月球的位置

观察月球的位置，我们会发现，农历初三日落时，月球在西方低空出现，以后每天往东移动，逐渐拉大与太阳的距离。上弦月与太阳

月球表面形态

的黄经相差90°，春秋季日落时月球几乎是在正南方，夏季日落时，上弦月在南偏西，冬季在南偏东；满月则是在日落前后升起，春秋季在正东升起，夏季在东偏南升起，冬季在东偏北升起；下弦月就要到后半夜或者凌晨观察了，半夜升起，春秋季日出时位于正南，夏季日出时，下弦月在南偏东，冬季在南偏西。

月球摄影

最容易拍摄的天体是月球。满月时的月球亮度正好在照相机的正常曝光值内。即ISO 200，光圈11，快门速度

初三的小月牙

$1/60'' \sim 1/250''$。

由于月球的视圆面太小，大部分自动测光的照相机不能准确测定月球的亮度，这是全自动照相机很难拍到好的月球照片的原因。

上弦月

日食与月食

日   食

在月球围绕地球转动的同时，地球又带着月球一起绕着太阳公转，当月球运行到太阳和地球之间，三者差不多成一直线时，月影挡住了太阳，就会发生日食。

由于地球绕太阳和月球绕地球公转的轨道都是椭圆形，因此，太阳和月球的视直径都有微小的变化。

月球的最大视直径为33′ 31″，最小视直径为29′ 22″。

太阳的最大视直径为32′ 33″，最小视直径为31′ 28″。

月影有本影、伪本影（本影的延长部分）和半影。

日食根据地面见到日面被食的状况，也就是位于月影的部位不同，分为日全食、日环食和日偏食。

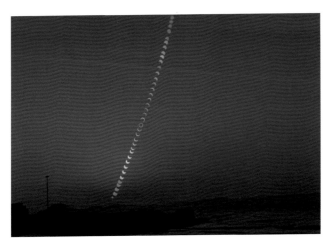

日环食

日全食

在月球本影扫过的地方，太阳光全部被遮住，所看到的是日全食。

日偏食

在半影扫过的地方，月球仅遮住日面的一部分，看到的是日偏食。

日环食

当月球本影达不到地面，而是它延伸出的伪本影扫到地面，此时太阳中央的绝大部分被遮住，在周围留有一圈明亮的光环，这就是日环食。

日环食和日全食统称为中心食。

一次日食，在地球上的不同地方，可能看到不同的情况，中心食的食带一般宽度在数十千米到300千米，在中心食带的两侧，可以看到不同食分的偏食。

日全环食

还有一种极其特殊的情况，当日食发生时，一段时间月球的本影扫在地球上，而另一段时间则变成了伪本影，这样，本影扫过的区域发生了日全食，而伪本影扫过的区域则发生日环食。因此，这次日食从全球来说就是混合食，被称为"日全环食"。

日食观测方法

观测日食主要有目视观测、望远镜投影、照相观测等方法。

观测须知

　　必须使用减光装置。因为太阳太明亮了，所以无论是目视观测，还是用仪器设备观测，为了保护眼睛和设备，都需要有减光装置。只有在全食的短暂时间里，不需要减光装置。

　　日全食是观察研究太阳外层大气的大好时机，全食时，可以看到太阳外围薄薄一层玫瑰色的色球、皎洁悦目的淡蓝色的日冕，以及色球上喷发出的日珥。

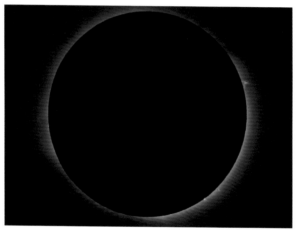

日珥

　　在全食即将开始或结束时，太阳圆面被月球圆面遮住，只剩下一丝极细的环时，往往会出现一串发光的亮点，像是一串晶莹剔透的珍珠，被称为倍利珠。

　　倍利珠是由月球表面的环形山而形成的。

倍利珠

日食过程

日食发生在农历初一。

日食是月球在绕地球运行的过程中视运动追赶太阳的过程。

一次日食，地球上西边的地方最先见到，然后，食带逐渐向东移。

从日面上看，月影也是从西边进入，最后从东边离去。

日食阶段

日全食	日环食	日偏食
初亏	初亏	初亏
食既	环食始	
食甚	食甚	食甚
生光	环食终	
复圆	复圆	复圆

目视观测

可以自制减光板，如果使用墨镜，必须是很黑的那种，如电焊用的墨镜。

望远镜投影

使用望远镜投影方式，可准确描绘日食各时段的食相，也可以用照相机拍照投影像。

小孔成像

太阳投影

照相观测

照相机镜头或望远镜加滤光片后进行拍照。

可拍摄的项目：

标准镜头或小广角拍摄日食全过程（串像）

长焦距照相机拍摄单个像或小组照

望远镜拍摄单个像

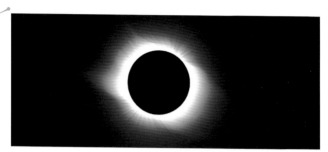

日冕

特别提醒：拍摄日全食时的太阳不仅不能用滤光片，还需要延长曝光时间。因此，还需要三脚架和快门线。

月 食

月食是地月运行过程中，月球进入地球影子的现象，即地球遮挡了照在月球上的太阳光。

月食包括月全食、月偏食以及半影月食3种类型。

半影月食

当月球进入地球的半影时，出现半影月食，由于这时月球的亮度减弱得很少，一般用肉眼不易察觉到变化，难以观测。

月偏食

当地球本影遮住月球的一部分时，出现月偏食。

月全食

当月球全部进入地球本影时，出现月全食。月全食的时候，月球并非完全黑了，而是呈现铜红色。

月 食 观 测 方 法

月食过程

月食是月球视运动追赶地球影子的过程，因此，月食是从月面的东边开始。

月全食的过程分为半影食始、初亏、食既、食甚、生光、复圆、半影食终7个阶段。

月食的目视观测

月食通常只观测本影食。可以直接用肉眼观测，也可以借助小望远镜观测。

月食的照相观测

普通照相机可以拍摄带地景的月食像。拍摄月全食全过程需要广角镜头。200 mm以上焦距可以拍摄比较大的特写照片。

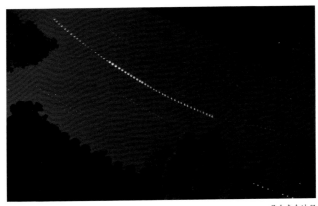

月全食全过程

月食开始时的曝光量与满月差不多，当食到一定程度时，要适当增加曝光量，到全食时，ISO 800，光圈4，快门速度1″～4″。

深空天体观测

深空天体是指太阳系以外的遥远世界，其中有许多暗但非常有趣的天体，如星云、星团、星系等，需要用口径大一些的望远镜去探查。

星云 Nebula

北半球肉眼可见的猎户座大星云属于亮星云。比较明亮，用小望远镜可以观察的亮星云还有人马座的礁湖星云和三叶星云，巨蛇座的鹰状星云，麒麟座的玫瑰星云，等等。

典型的暗星云有位于猎户座参宿一附近的马头星云，由于面积比较小，需要口径大一些的望远镜才能发现它。

著名的行星状星云有天琴座的环状星云、狐狸座的哑铃星云等。

金牛座的蟹状星云是典型的超新星遗迹，这颗超新星爆发于1 054年，在我国古代文献中有着比较详尽的记载。

猎户座星云

天琴座环状星云

星团 Cluster

肉眼可见的疏散星团有巨蟹座蜂巢星团（又称鬼星团）、金牛座昴星团和毕星团等，小望远镜可见的有御夫座M36，M37和M38等。

北半球比较容易观测的球状星团有人马座M22和M55，猎犬座M3，武仙座M13，等等。

蜂巢星团

M36

M37

M38

球状星团M13

星系 Galaxy

仙女座星系是北半球肉眼可见的旋涡星系。

仙女座星系

梅西叶天体

200多年前，法国天文学家查理·梅西叶热衷于搜寻和观测彗星，可是，星空中有一些天体非常容易与彗星混淆，为了不让这些天体搅乱了视线，更好地搜寻彗星，他把这些天体编成了一个表——梅西叶天体表。

梅西叶天体表包括了110个天体，其中大部分是星云、星团和星系，只有M40是一对双星。

"梅西叶天体观测马拉松"是天文爱好者创造的一个自娱型的竞赛活动。这一竞赛不设裁判，没有物质奖励，但是，能在一夜看到最多的梅西叶天体，可以说是大自然对观测者的最好奖励。

在天空中，梅西叶天体的分布是不均匀的，有些天区比较集中，如御夫座有3个靠得很近的疏散星团，图上红箭头所指自上而下依次为M38、M36和M37；在上页仙女座星系图上，除了M31以外，还可见两个小一点的椭圆星系——M32和M110。再如，用焦距1 000 mm以下的望远镜，就可以同时将M81和M82拍下来。

御夫座疏散星团

M81和M82

3月下旬，太阳附近的梅西叶天体最少，是搜寻和观测梅西叶天体的最佳时机。因此梅西叶天体观测马拉松一般选择3月底到4月初。

有些梅西叶天体适合用双筒望远镜观测，也有些适合用单筒望远镜，有些明亮的用小望远镜（如寻星镜）就可以看清楚，还有的甚至可以用肉眼找到。

人造天体的观测

随着人类宇航事业的飞速发展，目前在地球上空，已经有上万颗人造天体在绕地球运行，其中只有1 000颗还在工作，其余都是报废的卫星、运载火箭及其碎片。观察人造天体，也是天文爱好者锻炼观测能力的途径之一。

由于人造天体的轨道大多只有数百千米，因此，只有在傍晚和凌晨时它们过境，才会被太阳照亮，我们才能观察到它们。人造天体过境，可见一个运动的小亮点，一般亮度不超过2等星，运行速度比流星慢得多，有时感觉和飞机的速度差不多，但由于其高度比飞机要高数十倍以上，其实际速度比飞机要快很多倍。

用普通照相机长时间曝光，可以拍到人造天体运行的路线。

国际空间站

国际空间站是目前地球上空轨道上最大的人造天体。当它在日面或月面前经过时（凌日），用大望远镜可以拍摄出它的形态。

航天飞机

航天飞机是可重复往返太空的运载工具，美国哥伦比亚号是第一架，1981年首次发射。以后美国先后又有发现号、奋进号和亚特兰蒂斯号航天飞机进入太空。

国际空间站和航天飞机凌日

铱 星

铱星是美国铱星公司委托摩托罗拉公司设计的用于手机全球通信的人造卫星。1997-1998年共发射了几十颗。通过使用卫星手持电话机,通过卫星可在地球上的任何地方拨出和接收电话信号。2000年3月铱星公司宣布破产,这些铱星就成了太空流浪儿。

铱星飞行高度为700多千米,通常亮度在五六等,然而,它们都有3块表面极其光亮的铝天线,能将阳光反射到地面,在地面形成几千米宽的一条光带。光带扫过的地方,观测者会看到铱星很快变亮,最亮时有可能达-8至-9等,持续几秒钟后又很快变暗消失,整个过程10 s左右。

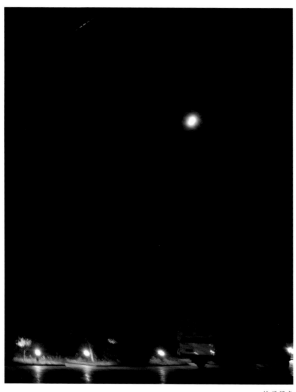

铱星闪光

神舟飞船和天宫一号 (Tiangong-1)

　　神舟飞船是中国载人航天计划的系列飞行器，从神舟五号开始实施载人试验。天宫一号是中国2011年9月29日发射升空的目标飞行器，由实验舱和资源舱构成，由神舟飞船运送人员、补给，实施在轨工作。2011年11月3日凌晨顺利实现与神舟八号飞船的对接任务，2012年6月完成了和神舟九号的自动和手动对接任务。神舟十号飞船也已在2013年与天宫一号完成对接任务，并建立了中国首个空间实验室。

天宫一号过境北京古观象台

天文观测

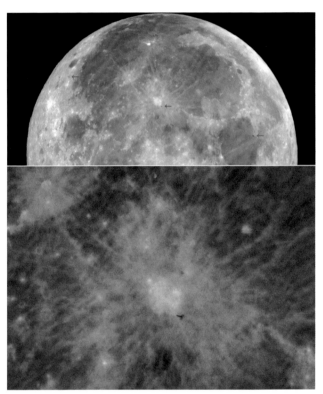

天宫一号凌月